听听大家怎么说

数据收集和整理

贺 洁 薛 晨◎著

北京科学技术出版社

自从倒霉鼠上小学后，他们一家就很久没有一起旅行了。暑假到了，小耳朵妈妈决定来一次全家旅行！

去哪里呢？

倒霉鼠期待——玩沙子、堆沙堡！

大眼镜爸爸期待——游客少、不排队！

小耳朵妈妈期待——吃到特色美食！

到底去哪里呢？爸爸妈妈决定让倒霉鼠先选出几个地方，然后全家再一起商量。

倒霉鼠分别给美丽鼠、捣蛋鼠、懒惰鼠、学霸鼠、勇气鼠和鼠老师打了电话，想听听他们的建议。

美丽鼠说："邦迪海滩特别好玩儿！"
捣蛋鼠说："唏哩呼噜海滨公园最有意思！"
懒惰鼠说："我更喜欢我家后院的沙坑。"
学霸鼠说："邦迪海滩既有趣又安全。"
勇气鼠说："你可以去撒哈拉沙漠探险！"
鼠老师说："邦迪海滩是我去过的最好的海滩！"

倒霉鼠听了大家的建议，更没主意了。

大眼镜爸爸说：“你可以把大家的建议整理一下。”

推荐 邦迪海滩	推荐 唏哩呼噜海滨公园	推荐 懒惰鼠家后院的沙坑	推荐 撒哈拉沙漠
美丽鼠 学霸鼠 鼠老师	捣蛋鼠	懒惰鼠	勇气鼠

倒霉鼠记得鼠老师说过，在收集和整理数据时表格是特别有用的工具。于是，他画了表格。

大眼镜爸爸看后称赞道："这下子清晰多了！"

小耳朵妈妈说："是个好办法。但有没有办法能让我们一眼看出哪个地方的人气更高呢？"

用符号代替名称，可以让表格看起来更简洁、清晰。
倒霉鼠想了想，又画了一个新表格。

推荐地	邦迪海滩	唏哩呼噜海滨公园	懒惰鼠家后院的沙坑	撒哈拉沙漠
被推荐次数	✓✓✓	✓	✓	✓
总计	3	1	1	1

这样就能一眼看出哪个地方被推荐的次数多，哪个地方被推荐的次数少。

“看来邦迪海滩被推荐的次数最多，我们就去那儿吧！”

一家人踏上了前往邦迪海滩的旅途。

坐火车到邦迪海滩要好几个小时，在火车上做点儿什么呢？

倒霉鼠发现，这节车厢里的小朋友非常多。

大眼镜爸爸看到倒霉鼠在观察，就鼓励他说：“你就去数一数这节车厢里有多少个小朋友吧！”

没想到，这项工作看起来简单其实并不简单。

刚开始调查，倒霉鼠就遇到了难题：调查几岁的小朋友呢？

最后，倒霉鼠决定把 7 岁或 7 岁以下的小朋友作为这次调查的对象。他收集数据的时候特别认真，反复确认了 3 遍，才回到自己的座位。

听到倒霉鼠的统计结果后，小耳朵妈妈的耳朵都变大了。这节车厢里竟然有 27 个 7 岁或 7 岁以下的小朋友！

大眼镜爸爸的好奇心比倒霉鼠的还强，他准备再和儿子去调查一下小朋友们都在做什么。

他们边调查，边记录。

几个小朋友竟然在座位上睡着了，他们的睡相太可爱了！

睡觉	9
读书	1
看动画片	5
哭闹	12

统计结果出炉啦！这27个小朋友分别在做什么呢？
通过表格，你能得出什么结论？

小耳朵妈妈发现：“有的小朋友在大声哭闹，怪不得车厢里这么吵！”

大眼镜爸爸说：“有一只可爱的小袋鼠在妈妈的大口袋里认真读书呢！”

收集数据真是一件好玩的事情。收集的过程很有趣，得到结果后还会有很多新发现。

“哎呀，糟糕！”倒霉鼠突然想到一件事。他今年6岁，也是车厢里的小朋友！刚才在收集数据时，他没算自己！

有了爸爸妈妈的陪伴，火车上的几个小时也不那么难熬嘛！下火车后，倒霉鼠一心只想堆沙堡了！

和倒霉鼠一起享受邦迪海滩的美景吧！

数一数，图中玩水、晒太阳、玩沙子的小朋友分别有几个？

每个人喜欢的水果

你学会画统计表格了吗？调查一下你的家人都喜欢吃什么水果，把数据记录下来，并尝试整理。